打造美好的家
——住宅装饰装修必知

合同篇

江苏省装饰装修发展中心　主编

中国建筑工业出版社

图书在版编目（CIP）数据

打造美好的家：住宅装饰装修必知 . 2, 合同篇 /
江苏省装饰装修发展中心主编 . —北京：中国建筑工业
出版社，2022.8
ISBN 978-7-112-27591-5

Ⅰ.①打… Ⅱ.①江… Ⅲ.①住宅—室内装饰设计—
经济合同 Ⅳ.①TU767

中国版本图书馆 CIP 数据核字（2022）第 117289 号

《打造美好的家——住宅装饰装修必知》编写委员会

设计篇

主　编：陈得生

编写人员：王　剑　孙建民　浦　江　尹　会　范文谦
　　　　　　张云晓　范　文　王　鹏　宋田田

照明篇

主　编：范　文

编写人员：王　腾　吴俊书　宋田田　郁紫烟　陈得生

验收篇

主　编：张云晓

编写人员：王　亮　徐　杰　任道远　陈　胜　贾祥焱
　　　　　　汤卫国　贾朝晖　施忠亮　李　晓

绿植篇

主　编：宋田田

编写人员：庄　凯　徐晶园　范　文　文　乔

序

　　随着住房消费市场从住有所居的刚性需求向住有宜居的品质追求转变，室内装饰装修行业的设计标准和服务内容不断延伸，与百姓生活密切相关。

　　江苏省装饰装修发展中心多年以来致力于装饰装修行业标准、技术、规范的研究。为适应装饰装修市场快速发展的需要，满足人民群众对美好生活的向往，由江苏省装饰装修发展中心发起，联合江苏省装饰装修行业协会（商会）、南京林业大学、龙信建设集团有限公司、红蚂蚁装饰股份有限公司、深圳瑞生工程研究院有限公司、苏州安得装饰设计工程有限公司等单位，编写了《打造美好的家——住宅装饰装修必知》一书，旨在：①面向住宅装饰消费者进一步加强对住宅装饰装修全流程的科普宣传工作；②引导消费者了解住宅装饰装修基本知识，掌握设计与施工的流程、方法；③具备针对特定装修问题的基本判断和辨识能力，并知晓相关的解决方法和渠道；④促进和引领大众装饰审美的提升。

　　该书为科普图书，共有5个分册，从设计、合同、照明、验收、绿植方面对目前装修市场最新的流行趋势、法律法规、施工工艺、技术规范进行了翔实的阐述，为住宅装饰消费者提供技术支持和帮助，供装修业主参阅。同时本书还精选了一些实际案例，是目前市场上比较全面的住宅装饰装修科普类书籍之一。

　　由于时间仓促，水平有限，如有不妥，请批评指正。

编者

2022年8月

前　言

　　装修合同是合同的一种，其中包括设计合同和施工合同，它是指发包人与承包人之间为了房屋装修而依照相关法律法规，结合工程实际情况，并且双方在遵循平等、自愿、公平和诚实信用原则的基础上，协商一致达成的相关协议。

　　签订装修合同是日常生活中一项重要的法律活动，合同条款是否完善直接关系到发包方的切身利益。为了尽可能保护发包方在装修合同中的合法、合理利益，对于相关条款应明确约定，所以在签订合同时，一定要谨慎。但是目前市场上有些不正规的公司，利用消费者对合同条款的不理解，或者故意设计合同陷阱来欺诈顾客，从而谋取利益。为了帮助消费者读懂合同条款，本分册从合同的签订、合同的类型、合同的履约、纠纷处理几个方面，对装修合同的条款进行了解读，对可能出现的条款陷阱进行了提示，通过一些真实发生的案例，提醒消费者如果出现了问题和矛盾该如何解决。希望本册书的内容能够为消费者提供一些帮助。

　　在此对参与本分册编写的南京市装饰行业发展中心、泰州市装饰装修行业协会等单位表示感谢！

目　录

第 **1** 章

合同签订

1.1 定义阐释

　　装修合同是合同的一种，其中包括设计合同和施工合同，它是指发包人与承包人之间为了房屋装修而依照《中华人民共和国民法典》、住房和城乡建设部《住宅室内装饰装修管理办法》及相关法律法规，结合工程实际情况，并且双方在遵循平等、自愿、公平和诚实信用原则的基础上，协商一致达成的相关协议。

1.2 常见类型

　　装修合同是在装修过程中所遇到的合同的总称，不同的阶段相应地有不同类型的合同，常见类型见表1-1。

装修合同类型

表 1-1

阶段	类型
设计阶段	设计合同

阶段	类型
施工阶段	全包合同
	半包合同
	包清工合同

　　注：目前由于装修业主的生活要求不断提高，出现了全新的全屋定制项目。全屋定制是集家居设计及定制、安装等服务为一体的家居定制解决方案，全屋定制是家居企业在大规模生产的基础上，根据消费者的设计要求来制造的消费者的专属家居。全屋定制合同在全包合同的基础上增加了家具、电器等产品的约定，消费者可以根据自己的喜好进行选择。

1.3 主要内容

　　一份完整的设计合同、施工合同，其内容包含四个方面，分别是首部、正文、附件及结尾，详述见表1-2。

设计合同、施工合同主要内容　　　　表1-2

类型	设计合同	施工合同
合同首部	双方当事人基本信息	双方当事人基本信息
合同正文部分	设计项目概况；设计流程；设计费用约定；图纸修改和图纸交底约定；甲方、乙方责任约定；违约责任约定；争议解决方式；附则；其他约定	工程概况；工程期限及保修期；付款相关事项；材料和设备的供应；施工过程中的一般权利义务；施工安全；工程变更；工程验收；工程监理；保修事项；违约责任；争议或纠纷的处理；附则；其他约定
合同附件	相关图纸内容约定；补充协议书	施工内容表；工程预算表；报价单；甲方提供材料设备表；乙方提供材料设备表；甲方订货单；工程变更单；工程验收单；工程结算单；工程保修单；工程设计图；隐蔽工程图
合同尾部	双方当事人签字盖章、签字日期	双方当事人签字盖章、签字日期

1.4 合同效力

1.4.1 合同效力及适用范围

"合同即法律"，依法成立的合同具有法律约束力，这便是合同的效力所在。需要指出的是，只有依法成立的合同，才具有法律效力，非依法成立的合同，通常不具备法律效力。

本分册中所涉及的设计合同和施工合同，适用于住宅室内装饰装修活动。

1.4.2 无效的法定情形

无效的法定情形见表1-3。

无效的法定情形　　　　　　　　　　　表1-3

条款 （依据《中华人民共和国民法典》）	内容
第一百五十三条	违反法律、行政法规的强制性规定的民事法律行为无效。但是，该强制性规定不导致该民事法律行为无效的除外
第一百五十四条	行为人与相对人恶意串通，损害他人合法权益的民事法律行为无效
第四百九十七条	有下列情形之一的，该格式条款无效： （一）具有本法第一编第六章第三节和本法第五百零六条规定的无效情形； （二）提供格式条款一方不合理地免除或者减轻其责任、加重对方责任、限制对方主要权利； （三）提供格式条款一方排除对方主要权利
第五百零六条	合同中的下列免责条款无效： （一）造成对方人身损害的； （二）因故意或者重大过失造成对方财产损失的

1.4.3 无效的法律后果

无效的法律后果见表1-4。

无效的法律后果　　　　　　　　　　　表1-4

条款 （依据《中华人民 共和国民法典》）	内容
第一百五十五条	无效的或可撤销的民事法律行为自始没有法律约束力
第一百五十六条	民事法律行为部分无效，不影响其他部分效力的，其他部分仍然有效
第一百五十七条	民事法律行为无效、被撤销或者确定不发生效力后，行为人因该行为取得的财产，应当予以返还；不能返还或者没有必要返还的，应当折价补偿。有过错的一方应当赔偿对方由此所受到的损失；各方都有过错的，应当各自承担相应的责任。法律另有规定的，依照其规定
第五百零七条	合同不生效、无效、被撤销或者终止的，不影响合同中有关解决争议方法的条款的效力

1.5 合同签订注意事项

作为家装消费者(本分册以下简称"消费者"，或以"业主""甲方"指代)，在选择装修公司及签订合同时，宜注意表1-5所示内容，避免掉入装修陷阱。

合同签订注意事项　　　　　　　　　　　　　表1-5

内容	注意事项
公司资质要考察	可以先考察一下装修公司是不是正规，有没有市场监督管理部门注册的营业执照、国家有关部门颁发的施工资质与设计资质，是否有正规的营业地点。施工人员是否具备相应的执业资格，是否是公司的正式员工等
了解合同要全面	装修合同是具有法律效力的文本，所以消费者在签订全包装修合同时要先对各方面进行了解，将装修设计方案和装修预算都确定下来以后再签订装修合同，以防落入装修公司的合同陷阱
材料信息要核实	核实装修公司是从何处购买材料，与材料供应商是否建立可靠的合作关系，材料出现质量问题公司能否承担责任。 要将每项材料的品牌、规格、型号等尽可能标注详细，清单作为合同附件提供，要求提供所有材料设备的合格证明、质检证明。同时一定要在合同中注明产品的保修期限及范围
验收合格再付款	在家庭装修中装修费用并不是一次性付清的，所以装修合同中要清楚约定某一工种的价款，付款须以施工验收合格为前提，因此"材料与工艺都验收合格后再付款"这一项应该写在装修合同里。约定当所有施工都已完成且验收合格之后一定的期限内付清余款
监理合同要签订	在装修中通常会有监理人来监督工程的质量。一般来说监理人是独立于施工队的，由业主和监理单独签订监理合同
质保条例要翔实	详细订立质保条款，并明确约定不履行质保义务的法律后果
违约责任要完善	在签订合同时，要完善违约责任条款，尤其是拖延工期的情形及违约金条款、违约可解除合同条款等

第 **2** 章

设计合同

2.1 洽谈与签约

洽谈与签约流程表见表2-1。

洽谈与签约流程表 表2-1

步骤	内容
1	选择设计公司
2	了解设计费用组成
3	了解设计流程
4	告知项目基本信息
5	交流初步想法、家庭成员大体信息、职业、个人爱好、生活习惯及预算等
6	明确图纸、效果图内容及深度
7	明确甲乙双方权利与义务、违约责任以及争议解决方式
8	明确附则内容

> 注：1.以上步骤的顺序并非绝对，甲乙双方可根据实际情况来作调整，重点要在合同中明确服务内容、图纸深度、设计周期、甲乙双方权利与义务、违约责任及争议解决方式等。
> 2.在洽谈过程中可约定成本控制范围。

2.2 设计取费

作为甲方，合同的根本目的在于取得设计文件，以便为后续工程施工提供相关基础。因此甲方应在合同中以清单或者附件方式对设计文件的范围予以明确界定，也便于甲方在收到相关设计文件后依约验收确认。否则将可能存在甲方合同目的无法实现的法律风险。

在协议中明确约定设计周期，包括设计周期的起算点、期限以及是否包括甲方审核确认设计文件的期间，以此防范因为设计周期约定不明导致工程延误的法律风险。

合同应约定甲方根据设计单位提供的文件按施工进度进行款项支付，以此实现防控甲方法律风险的目的。一般而言，设计单位按照以下顺序提供设计文件：平面方案、施工图初稿、效果图、施工详图、装饰材料清单及工程预算。相应地，设计费款项可根据项目面积来计算，可按照上述进度予以支付。

另外，根据项目需要、项目大小及实际情况，有可能涉及软装和庭院设计以及其他设计，这些设计的取费标准和付费方式可由甲乙双方在补充协议中另行约定。

2.3 履约过程

设计合同的履约过程分为两个阶段：设计阶段、施工阶段。在这两个阶段的履约过程中，甲乙双方均应根据合同约定进行履约。若出现违约情况，双方应根据合同约定进行赔偿。此外，合同中如有未尽事宜，可由双方协商解决，也可向相关部门进行投诉。

两阶段的履约内容见表2-2、表2-3。

1.设计阶段

设计阶段履约内容 表2-2

步骤	内容	
1	勘测丈量场地	
2	按期完成初步方案（包括原始房型测量图，平面、顶面、地面布置图）	
3	与甲方沟通	意见一致→签字确认
		甲方提出修改意见→图纸修改→沟通意见一致→签字确认
4	按期完成全套施工图纸	
5	与甲方沟通	意见一致→签字确认
		甲方提出修改意见→图纸修改→沟通意见一致→签字确认

2.施工阶段

施工阶段履约内容 表2-3

步骤	内容
1	按约到施工现场进行施工图纸交底
2	按约到施工现场进行施工跟踪、监督
3	按约按阶段到施工现场进行施工验收，以期达到施工效果

2.4 设计合同签订注意事项

设计合同签订注意事项见表2-4。

设计合同签订注意事项　　　　　　　表2-4

相关点	相关内容	
相关费用	预付款	明确是否需要支付预付款并明晰其定义。 若初步方案不满意，此项费用是否予以退还
	设计费	明确设计费收费标准、支付方式、支付时间及金额，以及设计费所包含的内容
	其他费用	异地服务费等
时间节点	1.明确交付图纸、效果图的时间节点。 2.明确设计费支付时间节点	
图纸内容	1.明确图纸、效果图的数量及深度。 2.明确图纸不满意后的修改约定	

第**3**章

施工合同

3.1 工程承包范围

工程承包范围是指承包人承包的工作范围及内容，它是合同文件中重要的一项内容，应根据项目实际情况填写。在施工合同的执行过程中，会出现承包内容与施工预算或其他报价文件相互矛盾的现象，因此要对其予以足够的重视，避免处于不利的处境。

一般而言，根据住宅工程大小，其承包范围及施工内容包括但不限于室内装修（墙、顶、地、厕所、厨房、定制家具等）、户外庭院、屋顶修缮、阳光房搭建、外立面改造等。如某大楼中的商品房施工内容仅有室内装修（墙、顶、地、厕所、厨房、定制家具等）；而某带户外庭院的独栋别墅施工内容则包含室内装修（墙、顶、地、厕所、厨房、定制家具等）、户外庭院等。

另外，所签订的施工合同根据服务内容的不同分为三个类型：全包合同、半包合同、包清工合同。具体内容见下文。

3.2 施工合同类型

当设计完成后，进入施工合同的签订流程。一般来说，根据服务内容的不同，主要是主材、辅材的提供方不同，将施工合同分为三个类型，分别是全包合同、半包合同以及包清工合同。消费者可在了解三种合同的优缺点后，根据自身情况选择合适的施工合同类型。同时在签订时，建议逐条阅读，避免掉入陷阱。

以下有三个表格向消费者介绍了施工合同的三种类型及签订时的注意事项，分别是施工合同类型介绍（表3-1）、施工合同优劣比较（表3-2）、施工合同签订注意事项（表3-3）。

1.施工合同类型介绍

施工合同类型介绍见表3-1。

施工合同类型介绍　　　　　　　　　　　　　　　表3-1

类型		全包合同（包工包料）	半包合同（包工半包料）	包清工合同（包工不包料）
定义		施工方承担采购所有装饰材料的工作，消费者承担包含材料采购和施工的所有费用	主材由消费者自主选购，辅材和施工由施工方负责	装修中所有的材料由消费者自主采购，施工方仅负责项目施工，不参与材料采购
适合人群		适合资金充裕、对装饰材料不熟悉或无暇跟进施工对接事宜的消费者	适合了解装修主要材料，同时有时间、有精力完成主要材料采购的消费者	适合了解装饰装修工程材料及工艺，同时有充足时间，能够按工期要求准时采购相关材料的消费者
服务内容	主材	√		
	辅材	√	√	
	施工	√	√	√

2.施工合同类型优劣比较

施工合同类型优劣比较见表3-2。

施工合同类型优劣比较　　　　　　　　表3-2

类型	全包合同	半包合同	包清工合同
优点	对消费者来说权责清晰、省时省力、设计效果落地更完整、总体造价可控	消费者在主要装饰材料选择上有一定自由度，相关品牌及档次可控，能满足消费者的个性化需求	消费者可完全按需采购所有材料，充分实现对主材、辅材品牌及档次要求的个性化
缺点	项目整体收费较高，且隐蔽工程、建材品牌监管易缺位	采购主材需花费一定时间和精力，且价格相较于由施工方采购可能会更高。如果材料供应对接不及时，有可能会造成工期拖延	消费者需花费大量时间与精力跟进项目，原材料及相关加工对接工作如出现偏差，会造成工期延误

3.施工合同签订注意事项

施工合同签订注意事项见表3-3。

施工合同签订注意事项　　　　　　　　表3-3

类型	全包合同	半包合同	包清工合同
注意事项	1.检查合同中对装修的具体要求和开工、完工日期是否表达清楚（精确到日），还应该写明总共是多少天的工期。2.如果有漏掉的要求和事项，可向装修公司提出并进行合同的修改，如果没问题签字即可	1.务必要在合同中明确写出需要装修公司购买的辅材，以防出现材料短缺、工期延误的情况。2.材料的质量一定要有保证，最好约定清楚每项材料的品牌、规格、型号等。3.所有材料设备要求提供合格证明、质检证明。同时一定要在合同中注明产品的保修期限及范围	1.在签订合同的时候，须就细节的衔接问题、工期延误的责任问题作明确细致的约定。2.购买材料的时候，应核实清楚品牌、型号、合格证书、质检证明等，并约定清楚与施工方之间就材料进行验收确认。3.在施工过程中，对每一道工序进行严格验收，可请专业的监理公司进行跟踪验收

3.3 施工合同的权利与义务

1.甲方（装修人）的权利与义务

施工合同中甲方的权利与义务见表3-4。

施工合同中甲方的权利与义务 表3-4

条款 依据《住宅室内装饰 装修管理办法》	内容
第十二条	装修人和装饰装修企业从事住宅室内装饰装修活动，不得侵占公共空间，不得损害公共部位和设施
第十三条	装修人在住宅室内装饰装修工程开工前，应当向物业管理企业或者房屋管理机构申报登记。非业主的住宅使用人对住宅室内进行装饰装修，应当取得业主的书面同意
第二十四条	装修人与装饰装修企业应当签订住宅室内装饰装修书面合同，明确双方的权利和义务。住宅室内装饰装修合同应当包括下列主要内容： （一）委托人和被委托人的姓名或者单位名称、住所地址、联系电话； （二）住宅室内装饰装修的房屋间数、建筑面积，装饰装修的项目、方式、规格、质量要求以及质量验收方式； （三）装饰装修工程的开工、竣工时间； （四）装饰装修工程保修的内容、期限； （五）装饰装修工程价格，计价和支付方式、时间； （六）合同变更和解除的条件； （七）违约责任及解决纠纷的途径； （八）合同的生效时间； （九）双方认为需要明确的其他条款
第三十四条	装修人因住宅室内装饰装修活动侵占公共空间，对公共部位和设施造成损害的，由城市房地产行政主管部门责令改正，造成损失的，依法承担赔偿责任

条款 依据《住宅室内装饰 装修管理办法》	内容
第三十三条	因住宅室内装饰装修活动造成相邻住宅的管道堵塞、渗漏水、停水停电、物品毁坏等，装修人应当负责修复和赔偿；属于装饰装修企业责任的，装修人可以向装饰装修企业追偿

2.乙方（装饰装修企业）的权利与义务

施工合同中乙方的权利和义务见表3-5。

施工合同中乙方的权利与义务   表3-5

条款 依据《住宅室内装饰 装修管理办法》	内容
第十条	装饰装修企业必须按照工程建设强制性标准和其他技术标准施工，不得偷工减料，确保装饰装修工程质量
第二十六条	装饰装修企业从事住宅室内装饰装修活动，应当严格遵守规定的装饰装修施工时间，降低施工噪声，减少环境污染
第二十七条	住宅室内装饰装修过程中所形成的各种固体、可燃液体等废弃物，应当按照规定的位置、方式和时间堆放和清运。严禁违反规定将各种固体、可燃液体等废弃物堆放于住宅垃圾道、楼道或者其他地方
第二十八条	住宅室内装饰装修工程使用的材料和设备必须符合国家标准，有质量检验合格证明和有中文标识的产品名称、规格、型号、生产厂厂名、厂址等。禁止使用国家明令淘汰的建筑装饰装修材料和设备
第三十一条	住宅室内装饰装修工程竣工后，装饰装修企业负责采购装饰装修材料及设备的，应当向业主提交说明书、保修单和环保说明书

3.其他事项

依据《住宅室内装饰装修管理办法》第十六条规定，装修人，或者装修人和装饰装修企业，应当与物业管理单位签订住宅室内装饰装修管理服务协议。住宅室内装饰装修管理服务协议应当包括表3-6的内容；同时应根据该条款，对相关事项进行详细约定，若格式文本中没有约定，可通过补充条款进行约定。

住宅室内装饰装修管理服务协议包含内容　　　表3-6

序号	内容
1	装饰装修工程的实施内容
2	装饰装修工程的实施期限
3	允许施工的时间
4	废弃物的清运与处置
5	住宅外立面设施及防盗窗的安装要求
6	禁止行为和注意事项
7	管理服务费用
8	违约责任
9	其他需要约定的事项

3.4 履约流程

施工合同的履约流程可分为7个步骤，内容如图3-1所示。

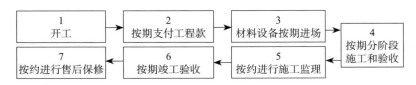

图3-1　施工合同履约流程图

第 **4** 章

施工合同签订及履约要点

4.1 工期约定

1.确定合同工期

甲乙双方签订施工合同，一般有一个计划开工时间和竣工时间，这需要采用合同书形式订立合同，自甲乙双方签字或者盖章时合同成立。按照惯例，以合同成立时间为开始时间，结束时间就是合同权利义务履行完毕的时间。

2.确定开工日期

开工时间要以开工令为准。履行期限不明确的，乙方可以随时履行，甲方也可以随时要求履行，但应当给对方必要的准备时间。

3.工期顺延的程序性约定

工期顺延的程序性约定见表4-1。

工期顺延的程序性约定　　　　　　　　表4-1

竣工日期分类	具体说明
竣工验收合格之日	建设工程经竣工验收合格的，以竣工验收合格之日为竣工日期
承包人提交验收报告之日	承包人已经提交竣工验收报告，发包人拖延验收的，以承包人提交验收报告之日为竣工日期
转移占有建设工程之日	建设工程未经竣工验收，发包人擅自使用的，以转移占有建设工程之日为竣工日期

注：1.发包人在约定总工期的前提下，尽量约定节点工期。
　　2.甲乙双方应当注意收集顺延工期的证据及因此造成损失的证据。

4.2 价款约定

1.合同计价内容

施工合同计价有两个主要部分，分别是人工费和材料费。其中材料费是根据材料清单计算。除这两项主要费用外，还存在运输费、文明施工措施费、管理服务费、垃圾清运费等，其他费用依据合同约定及实际情况而定（表4-2）。

施工合同计价项明细　　　　　　　　表4-2

序号	明细	序号	明细	序号	明细
1	主材费	7	误工费	13	文明施工费
2	辅材费	8	返工费	14	管理服务费
3	人工费	9	看管费	15	远程施工费
4	运输费	10	检测费	16	垃圾清运费
5	砸墙费	11	治理费	17	设备租借费
6	赶工费	12	维修费	18	空调更换费

2.支付进度安排

支付进度安排见表4-3。

支付进度安排　　　　　　　　　　　　　　　　表4-3

时间节点	支付约定
1.签订合同＿＿＿日内	支付工程款总额的百分之＿＿＿，共计＿＿＿元
2.开工前＿＿＿日内	支付工程款总额的百分之＿＿＿，共计＿＿＿元
3.隐蔽工程阶段验收合格后＿＿＿日内	支付工程款总额的百分之＿＿＿，共计＿＿＿元
4.瓦、木工程阶段验收合格后＿＿＿日内	支付工程款总额的百分之＿＿＿，共计＿＿＿元
5.工程竣工验收合格后＿＿＿日内	支付工程款总额的百分之＿＿＿，共计＿＿＿元。并于＿＿＿日内办理交房手续
6.剩余款项	工程验收合格后＿＿＿日内一次付清，金额为＿＿。乙方应向甲方开具正式发票。（或约定为质量保证金，在较长的一定期间内付清）

3.价格变化应对

造成价格变化原因有很多，需要根据实际情况分别应对，通常会有表4-4所示的几种情况。

价格变化影响因素及责任认定　　　　　　　　表4-4

影响因素	分析	责任人
工期延误	因甲方原因造成工期延误而导致最终价格上涨的	甲方
	因乙方原因造成工期延误而导致最终价格上涨的	乙方
	因不可抗力因素如自然灾害、新冠肺炎疫情等造成工期延误而导致最终价格上涨的	无责任人，施工方有权主张工期顺延
设计变更	因甲方在签字确认后更改设计内容而导致最终价格上涨的	甲方
人工费、材料费	人工费和材料费的上涨是否适用情势变更原则： 目前，材料价格和人工费用的变化越来越市场化，虽然有时变化幅度较大，但真正能够符合情势变更原则的很少，若要具体确定是否适用情势变更原则，则需要相应的司法部门根据具体情况判定，当事人也应对此有足够的认识	

4.影响造价的其他事项

致使工程造价超出报价或与施工合同报价单不一致的情况主要有表4-5所示的几项。

影响造价其他事项　　　　　　　　表4-5

序号	内容
1	设计图纸不完善
2	过多地预估及预收
3	合同未约定结算价闭口区间
4	由于业主的方案调整造成工作量变更
5	水电工程的实际工作量与设计图纸存在差异
6	存在报价阶段未与业主解释到位的工作量,如垃圾清运费,强、弱电箱更换费,空开更换费等

4.3 材料约定

1.约定材料质量

所用材料要有说明(包括材料的品牌、型号和等级等),要有具体的施工工艺和工序,同时附上相应的价格;明确甲乙双方的材料供应责任,有些装修项目是甲乙双方共同供应材料,所以对供料的品种、规格、数量、供应时间以及供应地点等,需要形成文字的内容,如材料采购供货单和材料验收单。

2.选购装饰材料

(1)选择环保低污染材料

在选择材料时,要注意材料是否对身体有害,市场上有大量的高分子装饰材料,这些新型的材料会产生污染空气的气体;

对材料过敏的人，会被影响情绪和食欲，或是感到皮肤不适。

（2）注意用材冲突

在墙上抹灰砂浆，功能是当温度高时吸收湿气，温度低时放出湿气，这种呼吸功能可以对室内湿度进行调节。如果还要在这种带有呼吸功能的墙壁上贴上壁纸，那么呼吸作用的效果会有很明显的降低。所以这种做法就抵消了原来的功能。

木质材料具有天然的美感和质感，如果在上面使用涂料的话，涂料的碱性就会容易引起木质材料的变色和变质。如果一定要用涂料的话，pH值小于7的涂料，才是适合的选择。

（3）重视防火安全

选择装饰材料时，最好注意材料的可燃性。家居装修过程中使用的材料，尤其是吊灯材料，其可燃性容易被忽视而产生火灾隐患，厨房是经常用火的地方，所以尽量选择无机的饰面材料。

3.材料进场验收

把好装饰材料进、出验收关，装饰材料验收应由双方签字，材料验收单应将材料的品种、规格、级别、数量等有关内容标注清楚，验收的材料应与合同中规定的甲乙双方提供的材料相一致。

4.4 设备约定

在住宅室内装饰装修中，厨房设备、卫浴设备、空调设备的选购及安装十分重要，从约定在合同中提供合格证明、质检证明以及设备的详细信息到最后的进场验收、调试、安装都要落到实处，避免安装后出现问题或与合同约定内容不符而造成不必要的经济损失。设备的约定一共有三个环节，每个环节所对应的大致内容见表4-6。详细内容可翻阅本书"验收篇"相关章节。

设备约定相关内容 表4-6

环节		内容
约定质量		要求提供所有设备的合格证明、质检证明，同时一定要在合同中注明设备的品牌、型号、规格、数量、单价以及保修期限和范围
选购设备		卫浴设备选择要注意是否易于清洗、防污染、节水、安全、便捷等。厨房设备选择要注重是否卫生、防火、方便、美观
设备验收	进场	检查设备合格证明、质检证明，同时根据合同约定，比对设备的品牌、型号、规格、数量及单价是否一致
	调试	由于设备的调试验收内容较多，消费者可直接翻阅本书"验收篇"相关内容

4.5 监理与验收约定

1.施工监理

施工监理相关内容见表4-7。

施工监理相关内容 表4-7

监理职业准则：守法、诚信、公正、科学		
施工前		以预防为主，在家装工程实施之前分析发现可能出现的质量问题，并提出相应的控制措施
		帮助业主审查家装施工合同，设计图纸、方案，施工计划进度表，施工材料明细表，并根据该明细表验收施工材料，发现问题及时指出，与业主共同商议，并提出可行性的方案，以防止施工完成后的返工，造成不必要的人力物力浪费
施工中		根据施工进度表对施工现场采取巡查和专项检查相结合的方式
		对施工中可能出现的质量、进度问题质疑并会同业主、施工队共同商议，采取必要的预防措施，以保证质量、进度

监理职业准则：守法、诚信、公正、科学	
施工中	对已出现的质量、进度问题及矛盾纠纷，要站在第三者的立场上用科学的技术手段分析、判断原因以及提出相应的补救措施，使当事人双方心悦诚服
施工后	根据施工合同、设计图纸、家装质量验收标准，对隐蔽工程（水电工程中预留、预埋管线，土木工程中基底处理、钢木骨架，饰面工程中瓷砖、石材、细木工、油漆、涂料等）进行验收

2.施工验收

施工验收宜分阶段进行，随工程施工进度，先做好基层和隐蔽工程验收，再进行面层和竣工验收。各阶段验收总原则是看品牌型号是否相符、装修质量是否合格。验收流程示意如图4-1所示，详细内容可翻阅本套书的"验收篇"。

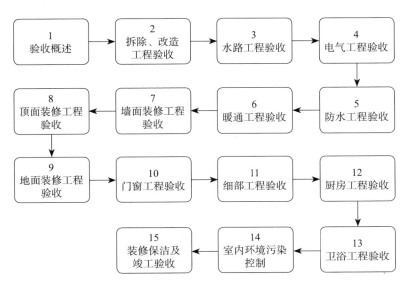

图4-1　施工验收流程图

4.6 质保条款约定

1.质保内容

按照家装行业示范合同的条款，尾款应当在验收合格当天交付；同时，装修公司出具保修卡，在约定时间及范围内负有保修义务。

2.质保期与质保金

根据住房和城乡建设部有关规定，在正常使用条件下，住宅室内装饰装修工程的最低保修期限为2年，有防水要求的厨房、卫生间和外墙面的防渗漏为5年。保修期自住宅室内装饰装修工程竣工验收合格之日起计算。

3.售后保修

关于装饰装修工程哪些内容属于质保范围，国务院颁布的《建设工程质量管理条例》规定，在正常使用条件下，建设工程的最低保修期限：

（1）基础设施工程、房屋建筑的地基基础工程和主体结构工程，为设计文件规定的该工程的合理使用年限；

（2）屋面防水工程、有防水要求的卫生间、房间和外墙面的防渗漏，为5年；

（3）供热与供冷系统，为2个采暖期、供冷期；

（4）电气管线、给水排水管道、设备安装和装修工程，为2年。

其他项目的保修期限由建设单位和施工单位在合同中约定。

建设工程的保修期，自竣工验收合格之日起计算。

行业内一般都是按照《住宅室内装饰装修管理办法》来执行，即水电5年，基础2年。

第 **5** 章

合同纠纷处理案例

5.1 住宅装饰装修合同中常见的"陷阱"(表5-1)

以下列举住宅装饰装修合同中常见的"陷阱",案例快速检索见表5-1。

案例快速检索表1 表5-1

类型	标题	页码
陷阱	1.收取无内容且不退的定金	25
	2.合同中不填写开工时间与完工时间	26
	3.无延期交付违约条款或违约责任太轻	27
	4.无详细报价单或报价单不规范	28
	5.不提供施工图	29
	6.设计不完整,后期增项多	30

1.收取无内容且不退的定金

案例:某装修公司在签署正式合同前通过大型营销活动以"特大优惠"为诱饵,向参加活动的业主收受标注"不退"的定金。众多业主反映,称自己与某公司签订装修合同并交纳定金

10000元后，听闻该公司增项多，网上投诉多，名声不好，要求退定金，但是被装修公司拒绝（图5-1）。

图5-1　漫画1

对照分析：调解人员查看合同后发现，合同中确有定金不退字样，但是调解方认为，装修公司在未提供服务的情况下收取了定金，且对不少项目未按合同约定时间开始服务。调解方区别不同情况提出退款建议，对已上门提供量房服务并已经开展设计的，退还7000元给业主，双方终止合同；对于尚未提供任何服务的，装修公司有违约情况的，则要求装修公司全额退款。

友情提醒：在签订装修合同时，首先要注意"定金"和"订金"的区别，"定金"与"订金"虽然只有一字之差，但是意思却大相径庭。通常情况下，只要情况允许，都建议大家使用"订金"的方式，这样万一有意外情况，可以全额拿回款项，避免损失。

2.合同中不填写开工时间与完工时间

案例：某小区业主请求调解装修纠纷，索赔延期款。调解人员在查看业主合同时发现，合同中竟然没有开工时间和完工时间，问及业主，业主表示自己不懂所以被骗。最后，调解方只能按照市场行情帮其估算。

对照分析：《住宅室内装修装修管理办法》第二十四条规定："住宅室内装饰装修合同应当包括下列主要内容……（三）装饰装修工程的开工、竣工时间……"

此类情况大多数系公司开展营销活动时所为。装修公司为了获客户、冲业绩、增流量，开展各类让利营销活动。由于对活动效果预期不足，在获客较多时，无法迅速调动人力资源应付工程需要，公司首先要满足非活动期的装饰装修工程，这样可以灵活安排开工时间，而把活动获得的业主的工程延期，以提高总体的经济效益，业主也无法追究其延期责任。

友情提醒：有些业主在签署装修合同时，合同上没有填写开工时间和完工时间，也照样签字，这是非常危险的做法。没有开工时间和完工时间也就没有了工期约束，一旦装修公司违约故意拖延工期，业主想要维权是有一定难度的。因此业主一定要仔细阅读合同，没有开工时间与完工时间的一定要及时和装修公司确认，不能第一时间确认的，发现后一定要补上开工时间和完成时间，并签字盖章。

3.无延期交付违约条款或违约责任太轻

一般装修合同中都是有违约责任划分的，关于延误处罚，甲方和乙方都应有详细解释说明，具体赔偿金额可以双方约定，不宜过高也不宜过低。

案例：在调处装修纠纷过程中，经常会遇到合同中没有延误工期的违约条款的情况，有的工程的延误违约条款太轻（个别案例为工程款的0.01‰，只需1元/天）。施工方工期延误1年，以工程总价为10万元的半包工程计算，只需要赔偿365元的违约金。业主遇到这种情况时要注意，一定要与公司重新约定并备注在合同中，明确合理的延误，避免装修公司拖延工期后无法索赔。

对照分析：合同中，业主迟延支付工程款与施工方延误工期往往是对等违约。违约金比例由双方商定。一般来说，如果业主急于入住，可将工期延误违约金比例加大；如果业主对工期要求不高，则可以降低工期延误违约金。

友情提醒：工程款支付与工期延误违约比例，每日一般为"应付工程款"或"工程款总额"的0.5‰～5‰，以10万元的半包工程计算，延误工期违约金应该为每日50～500元。

另外，违约金的计算方法也应该注意。对于业主迟延支付工程款的违约，应以"当期应付工程款"为基数，而装修公司延误工期违约金应当以"工程款总额"为基数。因为装饰装修工程款是分期支付的，业主在哪个时段迟延支付，违约金就以该时段应付工程款为基数。

还有个别案例中，装修公司将工期延误违约金基数定为"工费总额"，这大约为工程款总额的20%～30%（半包、全包有所不同），业主在签订工程合同时也应该加以注意。

4.无详细报价单或报价单不规范

正规装修公司在签合同前会给业主提交很详细的报价单。一份详细的装饰装修工程报价，应将使用材料的品牌、规格、单位、单价、数量、合计金额全部列进报价单里，让业主一目了然。

案例：有很多业主在投诉中称，自己等房子装修完都没有见到过详细报价单，有的业主看报价单时不仔细，只看总价，看品牌，这是错误的。业主在签合同前一定要记得索要详细报价单，并且仔细查看报价单中每一项的单价、品牌、产地、规格、等级等，避免装修公司"以次充好"情况的发生。

对照分析：合同中应约定，甲方需在合同后附工程预算报价单一份。业主应对照合同附件内容逐项检查，遗漏的附件需及时向装修公司索取。

友情提醒：提供装饰装修工程报价单至关重要。工程质量是由主材、辅材、施工工艺诸多因素决定的，工程报价单的实施是施工质量的基础，也是处理纠纷的重要依据。业主对报价单要仔细研究，特别要注意以下几项。

（1）水电报价。有的按照装修总面积报价，有的按照点位（插座数）报价，还有的按照管线总长度报价。比较常见的是按照装修总面积报价，对这种报价业主比较容易把握。通常可以以总面积报价为基础，去审核其他报价方法是否合理。如三、四类城市住宅装修的水电报价（包工包料）一般在每平方米（建筑面积）100～180元之间。

（2）厨柜报价。厨柜报价纠纷较多。装修公司有意无意地不将厨柜尺寸报准，为日后增项留下伏笔。厨柜有按米计价，也有按面积计价，厨柜增加部分往往报价较高，业主应加以注意。

（3）砸、砌墙报价。这也是双方争议比较多的地方。砸墙工价没有统一标准，砸墙工费应包括垃圾清运费，有的装修公司将砸墙和垃圾清运分开计价，变相多收工费。

5.不提供施工图

图纸不全是很多装修公司的通病。图纸是非常重要的，不仅能给业主呈现直接的效果，给工人施工提供依据，还是业主确定预算的依据。装修公司一定要向业主提供效果图、平面铺装图、剖面铺装图、立面铺装图的图纸。

案例：很多业主在投诉中反映，装修公司除提供效果图以外，没有提供其他任何图纸。在装修过程中，经常会因为某一增项与装修公司产生纠纷。原因是装修公司没有提供完整的施工图，漏项多、增项严重，业主无法判断哪些属于额外项，导致双方扯皮不清。

对照分析：住宅装饰装修合同中应规定，装饰公司在施工中应出具完整的设计、施工图纸，竣工后交给业主保存。

友情提醒：正规的装修公司在进行施工时，应该提供完整的房屋设计、施工图纸，业主留存以备后期房屋维修或出现纠纷时作为重要的凭证。

6.设计不完整，后期增项多

一名合格的设计师不仅要知道什么风格适合业主，还应是一名优秀的预算师，要能完整地还原房屋的每一个细节，绘制出完整的设计方案，呈现给业主。但是现在很多设计师提供的设计不完整，漏项多，增加了业主的装修成本。

案例：套餐设计增项多。如某品牌公司报价15.98万元，但是套餐中许多设计不完整，不实用。如厨房、卫生间门设计为平开门，窗帘盒也极其简易。大多数业主对套餐的设计不满意的地方较多，在更改的过程中不断加价，这其实是一种陷阱，是对消费者的误导。平开门现在已经很少用了，而对套餐中常设计的平开门，很多业主没有提前审查设计方案，等后期装修发现时，要求更换为推拉门，价格会比较高，装修成本也就上涨了。

对照分析：合同中应约定，按实际发生并经甲方确认的工程项目结算。除去甲方要求增加的项目，其结算价不应超过预算价的一定比例（推荐8%）。装修公司在做方案前应对业主住宅有一个详细的了解，考虑全面，并提供详细的预算单，避免因漏项增加业主装修成本。

友情提醒： 业主在签订合同前要详细了解装修公司的所谓"套餐"，对套餐中不合适的部分要事先提出更改意见，以免在装修过程中更改、增项而增加费用。

5.2 装饰装修企业可能存在的违约情况

装饰装修企业可能存在的违约情况见案例快速检索表2（表5-2）。

案例快速检索表2　　　　表5-2

类型	标题	页码
违约情况	1.安全违约	31
	2.虚假宣传	35
	3.质量违约	38
	4.工期违约	42

1.安全违约

案例一：装修工人在拆改时砸坏承重墙，造成安全隐患。

2019年11月，某业主反映，自己的住宅在装修时承重墙被装修公司砸了（图5-2）。经现场核查，业主家中一层西南房间混凝土承重立柱被砸，有40cm×80cm钢筋裸露部位，严重影响结构安全，装修公司没有任何审批手续，违反了施工规范，造成了安全隐患。

经调解，双方终止装修合同，业主另找装修公司重新施工。

对照分析：合同中应约定，施工必须依照相关法律法规进行，案例中装修公司拆除承重墙违反相关安全条款。

友情提醒：业主在房屋拆改时一定要遵照相关规定，该备案的备案，该报批的报批，切勿任由装修团队任意拆改。

图5-2　漫画2

案例二：装修公司清运建筑垃圾时将垃圾从窗户抛下，对楼下行人和财产构成威胁。

某小区业主住宅在装修过程中，装修公司在拆除阳台外墙时没有做好相应保护措施，导致建筑垃圾高空坠落刚好砸坏一辆高级轿车（图5-3），造成不必要的损失。经调解，肇事公司赔偿车主损失7万余元。

对照分析：合同中应约定，施工单位必须按照国家安全规范进行施工，必须制定安全制度，施工人员必须严格遵守。《刑法修正案（十一）》将危及公共安全的"高空抛物"入刑，高空抛物不仅要负民事责任，还将要负刑事责任，装修公司决不要掉以轻心，业主也应要求装修公司绷紧安全这根弦。

友情提醒：在装修开工前，对工人进行提醒，切不可从窗户抛运建筑垃圾。高空抛物在我国已入刑法，从高空抛运垃圾是违法行为，情节严重的构成犯罪，会造成不可估量的损失。

图5-3 漫画3

案例三：拆墙时不按安全规范操作，自下而上拆墙，致使墙体倒塌造成人身伤亡事故。

2017年8月，某小区业主装修需要拆除一面非承重隔墙。装修公司找来的拆墙工在作业时先用电锤在墙下端乱钻一通，随后举起大锤从下而上砸墙（图5-4），刚砸到一半，整面墙轰然迎面倒塌，刚好砸在工人身上。工人被紧急送往医院，因伤势过重，抢救无效死亡。经法院裁决，装修公司负有大部分责任，赔偿死者家属70余万元。

对照分析：住宅装饰装修合同中建议增加发生施工安全的条款，明确施工过程中的安全责任认定。

友情提醒：（1）装修合同中一定要有安全条款，标明施工过程中施工方对发生的一切安全责任负全责；（2）房屋拆改工程前，务必对拆改工反复提醒，注意施工安全；（3）业主自主装修请拆改工拆改，要与拆改工签订安全责任协议书，并提醒对方购买相关保险。

图5-4　漫画4

　　案例四：在住宅装修过程中，有的施工人员为了图省事、加快工作效率，麻痹大意，做出危险动作，忽略生命安全。比如，有的装修工人为了节省上下人字梯的时间和体力，靠双腿用力来拖动梯子，发生从梯子上跌落致伤的情况。

　　对照分析：施工单位应该加强对所属装修工人的安全生产教育，让工人牢记安全第一，避免因不必要的情况而发生的人身伤害。

　　友情提醒：使用人字梯时，一定要遵循以下几点，（1）不可站在人字梯的最顶端作业；（2）上梯操作人员必须穿防滑的鞋子；（3）使用梯子时，下方应有另一人扶持，以求稳固，工作时佩戴安全帽，以免上方物品、工具掉落；（4）避免进行冲击性较大的作业；（5）禁止双脚挂在人字梯的两侧挪动位置（图5-5）。

图5-5 漫画5

2.虚假宣传

案例一：假冒规范合同。

2020年7月，泰州市张先生反映某装修公司工程质量及工期延误等问题，出示的装修合同封面标题为"泰州市住宅装饰工程合同"，落款为"泰州市建设局制定、泰州市工商行政管理局监制"。合同的签订时间是2019年8月，此时这两个单位的名称已经不存在了。同时，泰州市建设行政主管部门、工商行政主管部门也从来没有制定（监制）过住宅装修合同范本，装修公司的合同封面对业主有欺骗性（图5-6）。

对照分析：该公司的合同与现有可参照的规范合同如《住宅装饰装修服务标准》DGJ32/TJ 221—2017中附录D《住宅装饰装修工程施工合同》，内容相差较大。

友情提醒：（1）业主在签订合同前，一定要仔细研究装修公司提供的合同样本，同时找到相关部门（各地装饰装修管理部门或装饰装修行业协会）提供的规范施工合同样本，并与公司的合同进行对照，业主有权要求装修公司进行修改；（2）可以找当地装饰装修行业协会进行咨询。

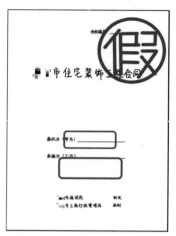

图5-6　漫画6

案例二：合同主体陷阱。

2019年4月，某小区业主投诉，自己与装修公司签订的装修合同上没有公司盖章，只有公司法定代表人的签名。

一般来说，如果合同有明确条款说明盖章后生效，但只有法定代表人签字，没盖公章，协议还不能生效；如果没有这个盖章后生效的条款，只要有法定代表人签字，没盖公章，协议就已经生效。该业主的合同虽然有效，但是业主的签约对象由公司变成了个人，一旦出现装修纠纷，业主只能与个人协商，无法找到公司维权，有较大风险。

对照分析：合同中应约定，本合同由甲乙双方签字、盖章后生效。因此，无公司盖章的合同视为无效合同。本案中，合同用的是公司合同样本，合同页眉也是该公司的名称，但签字人是公司法定代表人，在调解时公司辩称该工程系公司法定代表人个人所为，业主不能追究公司的违约责任。

友情提醒：业主在签订装修合同时一定要注意落款必须法定代表人签字并加盖公司印章，对于不盖章的公司，应坚持要求其加盖有效印章。

案例三：合同主体品牌（资质）陷阱。

一些连锁品牌装修公司的城市分公司利用总部品牌资质吸引业主，实际合同签章时为个体户（如某某设计部，此设计部是没有资质的），属于虚假宣传。

对照分析：业主在签订合同时，应仔细核对签约单位的相关信息，防止将来产生纠纷。

友情提醒：业主在签合同时要注意施工方是否是所选择的品牌企业，盖章是否是品牌企业的公章，如不是，业主要对签合同的公司的资质进行重新审查。如发生纠纷，事先选择的大品牌公司不负法律责任。

案例四：广告宣传与实际施工情况严重不符。

某装修公司宣传广告为"主材半价、辅材半价、人工半价、统统半价""工厂价装修、每百平方米15.98万元、零增项、拎包入住"等，但在实际施工时与宣传不符，构成虚假宣传（图5-7）。因此业主在看到这种广告字眼时一定要擦亮双眼，谨慎选择。

对照分析：根据《中华人民共和国广告法》第二十八条第二款第（二）项的规定，商品的性能、功能、产地、用途、质量、规格、成分、价格、生产者、有效期限、销售状况、曾获荣誉等信息，或者服务的内容、提供者、形式、质量、价格、销售状况、曾获荣誉等信息，以及与商品或者服务有关的允诺等信息与实际情况不符，对购买行为有实质性影响的，都属于虚假宣传。一经发现，由市场监督管理部门没收广告费用，并处广告费用3倍以上5倍以下的罚款，广告费用无法计算或者明显偏低的，处20万元以上，100万元以下的罚款。

本案中某全国连锁公司宣传"每百平方米15.98万元"的全包工程，实际结算下来在25万元以上，所宣传的与所做的不一样，属于虚假宣传。

友情提醒：在整个装修成本当中，主材成本占比一般在30%以上，人工成本又是刚性的，这两者都是无法半价完成的，因此许多装修公司会抬高价格再砍半，对于消费者而言是没有享受到任何优惠的。

图5-7　漫画7

3.质量违约

案例一：不按合同约定使用材料（设备），装饰材料（设备）的品牌、品类串换，电线、水管等串牌、串标、串级。

某调解部门在调解中多次发现，业主与装修公司签订合同，热水器合同约定的是德国品牌，实际安装的是意大利品牌；原木门被替换成多层复合门；诺贝尔瓷砖被替换成普通品牌瓷砖；远东电线被替换为金雕电线；电线、水管由国标被换成非标；甚至阳台墙砖由30cm×30cm被换成80cm×80cm等（图5-8、图5-9）。

对照分析：合同中应约定，凡由乙方采购的材料、设备必须与报价单中注明的品牌、规格、型号、质量、计量标准相符，乙方应提交购货发票或证明材料，经甲方签字确认后再行使用。

友情提醒：业主装修前一定要仔细阅读工程报价单，在材料进场、阶段工程完工、工程竣工等不同的阶段，要按照报价单一一验收，对于与报价单不符合的项目，要拒绝签字，并告知装修公司更换。

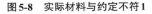

图5-8　实际材料与约定不符1　　　　图5-9　实际材料与约定不符2

案例二：不按规定分阶段进行工程质量验收，质量问题无法在各个阶段得以控制，致使质量问题叠加无法弥补。

2018年8月，某小区业主反映家里瓷砖出现大面积空鼓，要求帮助验收。调解人员上门后发现，业主住宅确实存在瓷砖空鼓现象（图5-10）。据业主反映，公司在装修时从未要求业主来验收过，也没有签过验收单，都是装完就付款。经过调解，确认装修公司负有主要责任，其承诺规定时间内返工。

对照分析：合同中应约定，乙方应提前通知甲方对隐蔽工程、分项工程进行验收，竣工后还需提交竣工验收报告，并通知甲方验收。验收在装修过程中是非常重要的，使业主能够及时发现装修过程中的问题，提醒装修公司及时整改，避免后续产生纠纷。

友情提醒：装修公司在每一阶段完工后一定要及时通知业主验收，并签署验收单，业主也应主动要求验收，避免后续产生问题，造成重大后果。没有业主签字验收的工程不能算合格。

图5-10　瓷砖空鼓1

案例三：不按照工艺规范、标准施工（1）。

2019年1月，某小区业主投诉称自己新装修的房子出现大面积的漏水，墙面涂料脱落，地板也有被水泡过的痕迹（图5-11、图5-12），被漏水祸及的楼下业主投诉，导致家人婚期延误。

对照分析：为了在阳台上装空调机组，水工将原先110mm的落水管截断，用50mm水管转接，改从阳台上的地漏落水，由于管道"大接小"导致不能够顺畅运行楼顶所落的雨水，使雨水反流漫入家中造成漏水，酿成事故。合同中应约定，乙方原因造成的工程质量不符合规定，甲方有权要求限期无偿修理或返工，所造成的损失由乙方负责赔偿。经调解，家装公司负责返工并给予业主相应赔偿。

友情提醒：业主在装修时不能盲目相信大品牌公司，应区分大品牌公司与分公司在人员、管理等方面的差别，认真做好工程监管和验收。装修过程中不要轻易改动原屋面建筑工程的落水系统。如一定要改动，则用等直径的管道转接，且弯道不能太多，管线不能过长，保证大雨时屋面排水顺畅。

 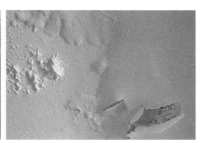

图5-11　错误施工后果1　　　　图5-12　错误施工后果2

案例四：不按照工艺规范、标准施工（2）。

2018年12月，某小区业主反映，2011年装修完毕的住宅，2018年12月晚上在没有启用任何大功率电器的情况下，突然发生电器故障，屋里电器出现焦糊味，照明灯亮到刺眼，随后电路跳闸。

对照分析：经现场察看，该户电源进户线为三相五线系统。故障为零线接触不良引起电流回返，380V的电压造成电器损坏。《住宅装修工程电气及智能化系统设计、施工与验收规范》CAS212—

2013中规定，三相线中的零线和地线接驳必须安全可靠。

经诊断，电工装修时电路安装不规范，将零线接于配电箱的固定螺栓上，造成零线接线不良，两相电压达到380V，引发事故。

调解结果：装修公司承担全部责任，赔偿业主的电器损坏损失、线路改造费用2万余元。

案例五：不按照工艺规范、标准施工（3）。

2019年4月，某小区业主反映其住宅装修质量低下，瓷砖大面积空鼓，达70～80块。经专家核查确认，厨房和卫生间墙壁空鼓原因系镶贴师傅施工不规范所致，客厅地面空鼓与地面铺设管道过多有关。

对照分析：《建筑装饰装修工程质量验收标准》GB 50210—2018 "10.2　内墙饰面砖粘贴工程"中第10.2.4条规定："满粘法施工的内墙饰面贴砖应无裂缝，大面和阳角应无空鼓。"本案例中厨房与卫生间所贴瓷砖存在大面积空鼓，属于工程不合格。家装工程验收时未强制使用该标准，而是看合同是否约定。

调解结果：经评估与双方协商，空鼓部分铲除、重做的材料费和工费，以及延误工期费计6万元，由施工方赔偿业主。由于空鼓程度不足以影响住户的安全，业主决定暂不拆除，观察1年后再行决定是否拆除重做。

4.工期违约

工期违约在所有合同违约中占比达70%以上，属于高概率违约。

案例一：公司在工价上苛刻工人，造成偷工减料、返工。

某装修公司苛刻瓦工师傅，以100元/天的工价雇师傅为某业主住宅贴砖，结果瓦工师傅心生不满，偷工减料，导致业主家中瓷砖大面积空鼓（图5-13）且在二次返工后遇到同样问题。结果造成了工程完工时间超过合同约定时间。

对照分析：工程交付时间应该严格遵守合同约定，逾期的应按合同约定进行补偿。因装修公司自己原因造成的损失由其公司自己承担。

调解结果：据了解，瓦工师傅认为以公司给自己的工价不可能做出高质量的标准。经过调解，业主与装修公司终止合同，公司一次性赔偿业主15000元，公司、项目经理、瓦工师傅分别应承担相应责任。

图5-13　瓷砖空鼓2

案例二：公司在可能造成延误时没有提前和业主沟通。

2020年7月，某业主反映，装修的住宅应当于2019年11月完工交房，但是拖到2020年7月还未完工，要求索赔延期款。据装修公司反映，业主家中厨柜、移门、坐便器由于需要定作，耗费了一定的时间，另外业主家中的院子土建改造工程预计

$10m^2$，实际完成$30m^2$，但施工方没有及时告知业主，该增项可能导致工期延误。经过调解，扣除因业主增项以及疫情影响的时间，装修公司愿意赔偿业主1个月的违约金。

对照分析：合同中应约定，由于乙方原因造成的逾期竣工，应当赔付____元/天的违约金，逾期____日以上，乙方应将甲方支付的全部款项如数退还甲方，甲方有权解除合同。因此乙方在施工过程中一定要严格按照合同施工，确保在工期内完工，避免违约。

友情提醒：合同中逾期违约责任明确后，签约双方应该加强沟通，对于意料之外的逾期情况尽量协商解决，避免不必要的纠纷发生。

案例三：业主付款不及时导致的工程延误。

很多业主在装修验收合格时喜欢拖延支付工程款，导致施工方工期延误，最后纠缠不清。某小区业主对于应支付的封阳台工程款4500元迟迟不肯支付，试图以此作为解决后期纠纷的筹码，反而由于违约在先在调解中处于不利地位。

对照分析：合同中应约定，甲方未按合同的约定付款，每逾期1日，赔偿____元的违约金。乙方可向甲方发出催款通知，甲方在收到通知____日后仍不付款的，乙方有权解除合同。业主在装修过程中，同样需要履行相应责任，按照合同约定及时付款，避免因为拖欠付款导致违约而造成不必要的损失。

友情提醒：业主在每一阶段验收合格后一定要及时支付工程款，装修公司在收到上一阶段工程款后才会开始下一阶段的施工，切不可拖延付款延误工期。

5.3 违约可能造成的损失

1.经济损失

直接经济损失：包括返工费、误工费、质量事故损失费、迟延支付工程款赔偿费、延误交房赔偿费、违约金等。

间接经济损失：包括影响业主入住而造成的房租等（但该损失在司法判定中并不一定会得到支持）。

2.精神损失

装修公司使用劣质产品造成甲醛超标；施工不按标准，偷工减料，后期造成安全事故；工人无证上岗，违规操作，造成漏水、漏电等事故；装修没有保护措施，损害业主财物；暴力冲突、言语辱骂、恐吓威胁；论坛发帖造谣等对业主造成的伤害，业主可根据伤害程度要求精神赔偿。

5.4 违约赔偿

工期延误责任认定及违约赔偿认定内容见表5-3。

工期延误责任认定及违约赔偿认定　　　　　表5-3

责任方	原因	违约金约定
甲方 （业主）	包括但不限于不能及时提供主材、迟延付款、更改或增项、拖延提供施工条件等	按合同约定支付违约金
乙方 （施工方）	包括但不限于未及时通知业主验收、更改或增项、工程验收不合格返工等	按合同约定支付违约金

责任方	原因	违约金约定
无责任人	包括重大的自然灾害、重大的社会非正常事件，例如暴发的新冠肺炎疫情就属于不可抗力因素，施工方有权主张工期顺延	无

相关具体解释及案例分析见下文。

1.工期延误和索赔

不可抗力因素。包括重大的自然灾害、重大的社会非正常事件，例如暴发的新冠肺炎疫情就属于不可抗力因素，施工方有权主张工期顺延。

案例： 由于疫情影响而产生的工期延误。

某小区业主投诉称装修公司拖延工期，要求索赔延期赔偿。据了解，由于新冠肺炎疫情的暴发，很多小区实行封锁政策，外来行人、车辆等禁止入内，所有装饰装修工程一律停止，装修公司不得不暂时停工，一直到4月中旬才开放小区。但是该业主在计算误工赔偿时没有将这部分时间剔除。

经调解，新冠肺炎疫情属于不可抗力因素，业主在计算误工赔偿时应剔除这部分时间。

对照分析： 因不可抗力不能履行合同的，根据不可抗力的影响，应部分或者全部免除责任，但法律另有规定的除外。当事人迟延履行后发生不可抗力的，不能免除责任。不可抗力，是指不能预见、不能避免并不能克服的客观情况。

友情提醒： 业主在要求工程延误赔偿时应该剔除不可抗力因素所导致的延误时间。

业主原因，包括但不限于不能及时提供主材、迟延付款、更改或增项、拖延提供施工条件等。

案例一：不按合同缴纳工程款导致工程延期。

某小区业主反映，家里装饰装修工程应当于2019年8月完工，但是一直到2020年5月，家里还有少数项目没有做，要求索赔延期罚款。据现场调解人员了解，该业主家中确有很多工程未做（厨柜门、移门、坐便器等）。但是关于延期双方各执一词。装修公司表示之所以拖这么久是因为业主曾拒绝为增项付款，导致拖延，业主也表示认可。

调解结果： 因业主故意拖延支付工程款而延误的工期责任属于业主方，无权要求装修公司赔偿。

案例二： 某小区业主装修过程中提出要封阳台，双方商定工程款为4500元，但业主拒绝支付这笔款项，并以此作为纠纷调解过程中的筹码。调解人员指出，工程中的增项款可视为工程款，业主应及时支付，否则视为不按时支付工程款违约，不能要求工程延期赔偿。

友情提醒： 约定工期索赔时，应注意双方平等，同时约定，双方违约都应有索赔。增项款同样属于工程款，业主需要及时付清，对于有异议部分应及时向装修公司提出，切不可故意拖欠。

2.应赔偿的工期延误

施工方原因，包括但不限于未及时通知业主验收、更改或增项、工程验收不合格返工等。

案例：由于工程质量问题返工造成的工期延误。

2019年1月，某小区业主反映，家里装修因为瓷砖空鼓二次返工导致工程延期，要求索赔。

对照分析：调解方上门后了解到：①由于施工前没有按规定认真量房，造成地面高度误差大，且房屋不方正，增加了贴瓷砖时的难度；②贴砖师傅嫌工价过于苛刻，赶工造成大面积空鼓。

调解结果：业主与公司协商终止合同，公司赔偿业主延期费等15000元，业主另找公司施工，该损失由公司、项目经理、贴砖工三方承担。

5.5 合同违约金

具体的违约金业主可以与装修公司自由约定，可以约定一定金额，也可以约定违约金的计算方法。根据《中华人民共和国民法典》第五百八十五条规定，当事人可以约定一方违约时应当根据违约情况向对方支付一定数额的违约金，也可以约定因违约产生的损失赔偿额的计算方法。

1.由业主责任引起的违约赔偿约定

（1）业主未按合同约定的时间和要求提供原材料、设备、场地、资金、技术资料以及由业主的其他原因影响了工程施工，除工程日期得以顺延外，还应偿付因此造成施工方停工、误工的实际损失。每停工或误工1天，业主支付施工方实际进场人员的工资及设备租用费、运输费的损失。

（2）由于业主提供的材料、设备质量问题或规格差异及其他原因影响了施工质量，施工方向业主提出，业主仍表示可接受的，可以继续施工；如所造成的工程质量问题业主不能接受需要返工，返工费用由业主承担，工期顺延。

（3）工程未经验收，业主提前使用，视为验收合格。因提前使用产生的质量问题，由业主承担责任。

（4）业主未按合同的约定付款，每逾期1天，应按约定支付违约金。施工方可由第三方向业主发出催款通知，业主在收到通知30日后仍不付款的，施工方有权解除合同。

工程款迟延支付处罚比例，应根据业主对工期的要求约定。如业主对工期要求迫切，可提高对施工方延误交付的处罚力度；相应地也应加大自己迟延支付工程款的处罚力度。通常为日罚"应交工程款"的0.5%～1%。以3万元的阶段工程计算，延误工期每日处罚150～300元。

（5）业主未办理任何手续，要求施工方拆改原有建筑结构及设备管线，或改变房间使用功能造成损失或事故的，由业主承担责任。

（6）违反合同约定的其他条款给施工方造成损失的，业主应赔偿损失。

2.由施工方责任引起的违约赔偿约定

（1）因施工方原因造成工程质量不符合合同约定，业主有权要求限期无偿修理或返工，所造成的损失由乙方负责赔偿。

（2）由于施工方原因逾期竣工，每逾期1天，施工方应按约定向业主支付违约金。合同中可约定逾期一定时限以上，施工方应将业主支付的全部款项如数退还业主，业主有权解除合同。施工方可根据业主对工期要求以及自己的施工能力确定工程延期的赔偿，一般为工程款的0.5‰～5‰。以10万元的半包工程计算，延误工期每日处罚50～500元。

（3）施工方应妥善保护业主提供的设备、材料及现场陈设和其他物品，如有损坏，应予以赔偿。

（4）未经业主同意，施工方擅自拆改原有建筑结构或设备管线，由此发生的损失（包括罚款）由施工方负责。如业主的要求违反法律、法规及国家相关规范而施工方未尽相关义务的，施工方承担相应责任。

（5）施工方提供的材料、设备是假冒伪劣产品或不符合国家质量标准以及不符合双方约定的，应无条件更换为符合要求的材料和设备，由此产生的费用由施工方承担，给业主造成损失的，施工方应赔偿损失。

（6）业主未办理任何手续，要求施工方拆改原有建筑结构及设备管线，施工方有权拒绝，如施工方不拒绝，造成损失或事故的，施工方承担连带责任。

（7）由于施工方在施工过程中违反有关安全操作规程、消防条例，导致发生安全或火灾事故，施工方应承担责任，并承担由此产生的一切经济损失。

（8）施工方违反合同约定的其他条款给业主造成损失的，应赔偿业主损失。

3.合同生效后甲乙双方应严格履行合同所约定的各项条款

如需解除合同，开工前一方要解除合同，违约方将付给对方工程预算总造价约定比例的违约金，开工后一方要解除合同，违约方将付给对方工程预算总造价约定比例的违约金以外，还应支付设计费和已施工工程的工程款。如一方要变更合同内容须双方协商一致并签订补充协议。

5.6 纠纷处理途径

1. 投诉

业主可先与装修公司双方协商解决，如双方协商未果，可通过以下途径解决：

（1）各地如有装饰装修行业主管部门的，可向行业主管部门进行投诉；

（2）各地如有装饰装修行业协会的，可向行业协会进行投诉；

（3）各地消费者协会如可对装修纠纷进行调解的，可向消费者协会进行投诉；

（4）可拨打各地12345（政务服务热线）进行投诉。

2. 人民调解

各地区如依法成立了装饰装修专业性人民调解机构（如：泰州市装饰装修行业协会调解小组），投诉人可向该机构申请人民调解，该机构应依据《中华人民共和国民事诉讼法》《人民调解工作若干规定》《住宅室内装饰装修管理办法》等法律法规文件对本地区的装饰装修纠纷进行民事调解。

3. 住宅装饰装修工程质量的司法鉴定

在遇到工程纠纷的时候，如果是因建筑工程质量，或因工程量结算存在争议等产生纠纷，消费者可在具体的诉讼过程中申请法院进行专业的司法鉴定或司法评估。具体流程以法院要求为准。

4. 提起诉讼时证据材料的提取和保管

（1）收集和整理出案件需要的所有的证据材料。如文字材料、录音、视频资料、微信截图、转账记录、物证、证人证言等。

（2）对证据材料进行分类归纳。包括按证据材料形成的时间、证据材料的来源、证据材料的证明力的大小等方式进行分类归纳。

（3）注意保留清单证据材料和储备证据材料的原件。要注意这两类证据材料是否具有原件，原件和复印件是否一致，如果没有原件则应采取措施对其证明力予以补正。

（4）保全证明材料。对于文字材料，可提取复制品、照片、副本、节录本等加以保全；对于物证，可通过勘验笔录、拍照、录像、绘图、复制模型或者保存原物的方法保全；对于视听资料，可通过录像、录音制作成的视频或音频，用计算机将其进行存储加以保全。

第6章

民法典颁布后的合同签订注意事项

（1）凡是合同中出现"依照《中华人民共和国合同法》、住房和城乡建设部《住宅室内装饰装修管理办法》及相关法律"条款的，应改为"依照《中华人民共和国民法典》、住房和城乡建设部《住宅室内装饰装修管理办法》及相关法律"。

修改理由：2021年1月1日，《中华人民共和国合同法》废止，《中华人民共和国民法典》生效。

（2）合同中如出现类似"乙方原因造成工程质量不符合合同约定，甲方有权要求限期无偿修理或返工，所造成损失由乙方负责赔偿"的条款，建议修改为：乙方原因造成工程质量不符合合同约定，甲方有权要求限期无偿修理或返工，所造成损失由乙方负责赔偿；如合同无效且工程质量不符合合同约定，乙方未能在合理期限内修复至符合约定的质量标准，则乙方无权要求给付工程款。

修改理由：对于合同无效后的法律责任以及工程不合格后法律责任的承担问题，民法典作出较大改动，参考《中华人民共和国民法典》第七百九十三条（图6-1）和《最高人民法院关于审理建设工程施工合同纠纷案件适用法律问题的解释（一）》第二条（图6-2）。

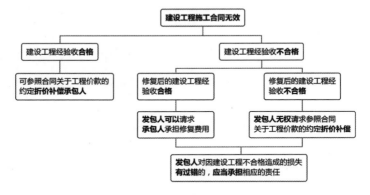

图6-1 《中华人民共和国民法典》第七百九十三条

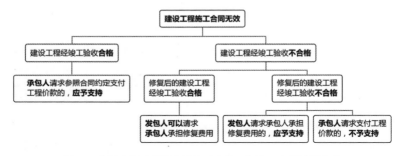

图6-2 《最高人民法院关于审理建设工程施工合同纠纷案件
适用法律问题的解释（一）》第二条

（3）合同中如出现类似"如一方要变更合同内容须双方协商一致并签订补充协议"的条款，建议改为：如一方要变更合同内容须双方协商一致并签订补充协议；如合同的基础条件发生了甲乙双方在订立合同时无法预见的、不属于商业风险的重大变化，继续履行合同对于当事人一方明显不公平，双方在合理期限内协商不成的，受不利影响的当事人可以请求人民法院或者仲裁机构变更或者解除合同。

修改理由：《中华人民共和国民法典》第五百三十三条规定："合同成立后，合同的基础条件发生了当事人在订立合同时无法预见的、不属于商业风险的重大变化，继续履行合同对于当事人一方明显不公平的，受不利影响的当事人可以与对方重新协商；在合理期限内协商不成的，当事人可以请求人民法院或者仲裁机构变更或者解除合同。人民法院或者仲裁机构应当结合案件的实际情况，根据公平原则变更或者解除合同"。

《中华人民共和国民法典》正式确立了"情势变更"原则，并将不可抗力情形一并纳入其中。同时，《中华人民共和国民法典》在"情势变更"中增加了合同双方自行协商机制。

（4）合同中如出现类似"**双方协商或调解不成时，双方同意由仲裁委员会仲裁，依法向_____人民法院起诉**"的条款，建议修改为：双方协商或调解不成时，双方同意由仲裁委员会仲裁。如对仲裁结果有异议，可依法向_____装饰装修工程所在地人民法院起诉。

修改理由：《中华人民共和国民事诉讼法》第三十四条第（一）项规定："（一）因不动产纠纷提起的诉讼，由不动产所在地人民法院管辖"；《最高人民法院关于适用〈中华人民共和国民事诉讼法〉的解释》第二十八条民事诉讼法第三十四条第（一）项规定的不动产纠纷是指因不动产的权利确认、分割、相邻关系等引起的物权纠纷。农村土地承包经营合同纠纷、房屋租赁合同纠纷、建设工程施工合同纠纷、政策性房屋买卖合同纠纷，按照不动产纠纷确定管辖。不动产已登记的，以不动产登记簿记载的所在地为不动产所在地；不动产未登记的，以不动产实际所在地为不动产所在地。

建设工程施工合同的纠纷属于专属管辖，不得由当事人自行选择，应当予以明确。